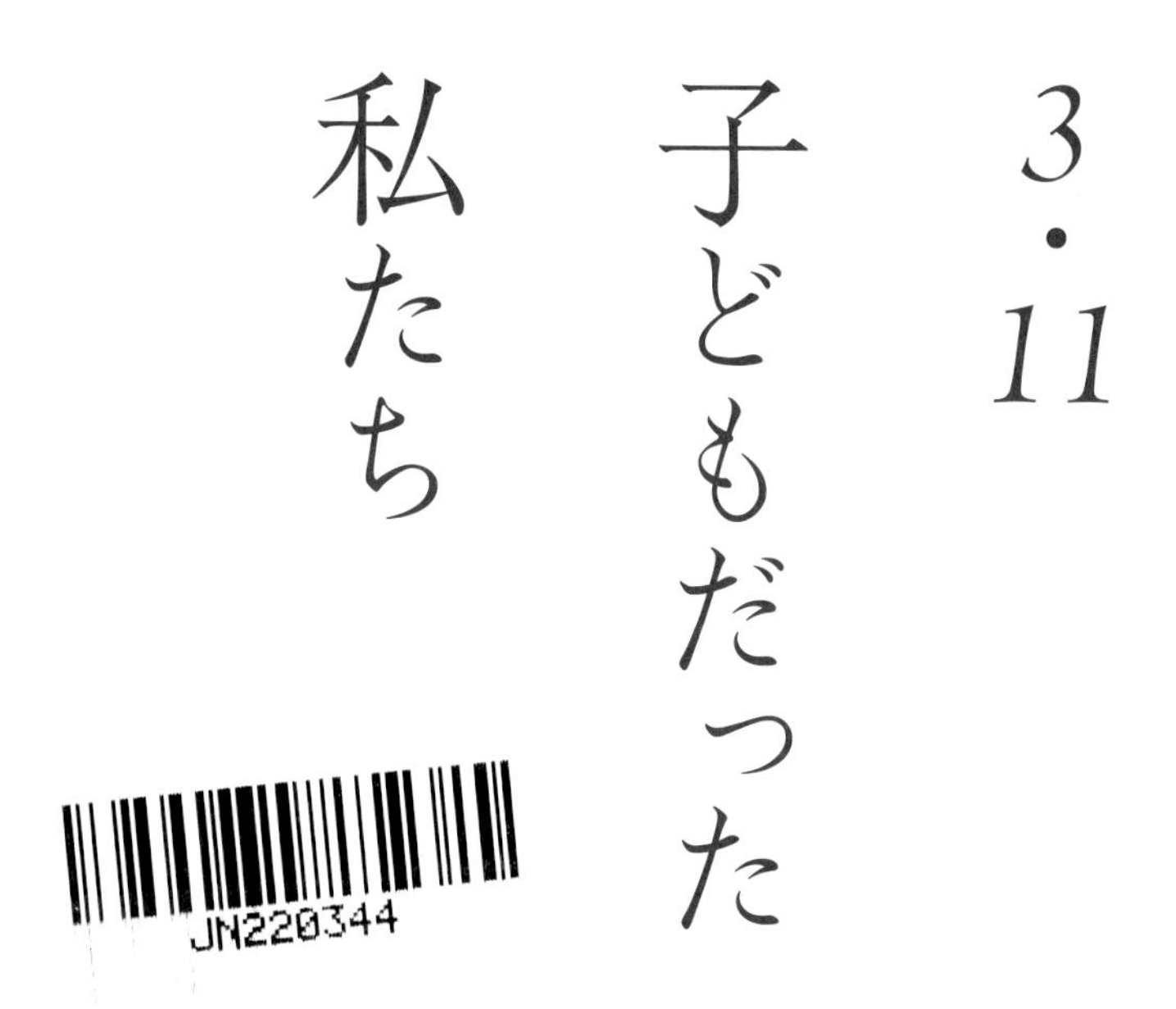

3・11 子どもだった私たち

福島原発事故と避難の経験を言葉につむぐ

金本 暁
坂本 唯
編著

耕文社

はじめに

２０１１年3月11日の東日本大震災とその後の福島第一原子力発電所事故は、日本全国、あるいは世界中の人々にとって忘れることのできない大きな衝撃であったことは間違いないでしょう。誰も経験したことのない混乱の中、多くの人が甚大な被害を受け、また多くの人が助けの手を差し伸べようとしました。連日ニュースでは地震、津波、原発事故の様子が報道され、被害を受けた人も受けなかった人も、その無情な災禍に心を痛め、悲嘆に暮れる日々であったことでしょう。

当時13歳の子どもだった私も、まさにその激動の中に当事者として存在していました。福島県いわき市で被災した私は、紆余曲折を経て福岡県へ避難することとなり、その後の生活を九州で過ごすこととなりました。震災当時は、自分が経験したことがまさに「社会の関心事」であったことを、子どもながらに漠然と感じていました。福島でも福岡でも、震災やその被害についてはっきりと口に出さなかったとしても、どうにかしないといけない、助けなければならないと、多くの人がそのように思っていたのではないかと思われます。

しかし例外もありました。「社会の関心事」から外れている、あるいは関心があったとしても意図的に覆いを被せられているのではと感じられるものがありました。地震や津波については話せても、原発事故については話しづらい、原発事故の避難者だとは言い出しにくい、原発事故や避難の話題を出してはいけない。原発事故と避難というものは、多かれ少なかれタブー視をされていると、当時子どもだった私も薄々理解はしていました。特に私のような「自主避難者」と呼ばれる人々は、常に曖昧で繊細な立場に置かれ続けていたのではないかと思われます。避難した人もいれば、避難しなかった人もいる。危険だという人もいれば、安全だという人もいる。避難するという判断に自信が持てる時もあれば、持てない時もある。このような曖昧さや繊細さは、原発事故から14年が経過した現在においても広く社会に伝わっていないどころか、当事者自身でさえ未だ理解が追いついていない部分もあるかもしれません。

14年という月日の中で失われていく記憶もありながら、寧ろ今こそ鮮明に語られようとする記憶もあります。この冊子は、当時子どもだった私を含む二人の執筆者と一人の協力者が、当時の記憶と経験を掘り起こし、これからの生活や社会について話し合う中で、「自主避難者」という曖昧さを少しでも詳細に描写しようとする試みと言えるかもしれません。「自主避難者」と一括りに言っても、事故当時から今までに経験してきたことや被害の内容などは、必ずしも全く同じというわけではありません。「自主避難者」の曖昧さが無くなるわけではありませんが、その曖昧さ自体を知り、より深く理解することがこの問題を風化させないために必要なことかと思います。この冊子がその一助となれば幸いです。

この冊子は、前半と後半で二つの異なるテーマを持つパートに分けられます。前半は二人の執筆者がそれぞれ書いた小さな作文のようなものです。一人は原発事故の当事者としての視点で自分自身を振り返り、一人は大学生になってから関心を持った出来事として原発事故の被害者たちに向き合います。当時子どもだった世代の二人が何を経験してきたのか、原発事故について何を考えるのか、その胸中を明らかにします。二人の異なる視点から描かれるのは、子ども時代から現在に至るまでの時間の経過に伴って変化する心中と、大人になってから考える原発事故や避難についての率直な思いです。後半は、執筆者と協力者による二つの対談・鼎談をまとめたものです。一つ目の対談（本書Ⅲ）は、二人の執筆者がそれぞれの原稿を読み合い、疑問に思ったこと、より深く聞いてみたいと思ったことについて議論をしていくものです。他者の目を通して自分自身の経験を再度振り返ることで、一人では気づけなかったことや、二人の共通点などに目を向けられるようになります。二つ目の鼎談（Ⅳ）では福島県出身の協力者をゲストとして迎え、その方の事故当時から現在までの経験についてインタビュー形式でお話しを伺い、そこから原発事故や避難者問題を中心に様々なトピックについて議論を膨らませていきます。三人全員がほぼ同世代であり、当時の子ども時代の視点と、現在の一人の大人としての視点を行き来する、示唆に富む対話の場となっています。

福島原発事故から14年、長いようで短い期間の中で成長し、自らの選択で原発事故や避難を語ることができるようになった私たちの言葉をぜひ聞いていただければと思います。原発事故や避難の問題は曖昧で繊細、脆くてセンシティブという側面も確かにあります。しかし、だからこそそれを見えないところに隠してしまうのではなく、あらゆる人の知るところとなる必要があると思います。事故当時何が起こったのか、その時人は何をしたのか、何を感じたのか。これらについて一つでも多くのことを知って欲しいと切に思います。原発事故や避難の問題は、現に社会の中で賛否の分かれる未だ解決のしていない問題であり、社会のあらゆる要素と複雑に絡み合う途方のないもののようにも感じられます。そのようなことについて語ることは、当事者にとっても直接経験していない人にとっても、辛く非常に困難な挑戦となるかもしれません。そのような物事に勇気を持って足を踏み入れる、そのようなきっかけになれば幸いです。

金本　暁

目次

Ⅰ 「自主避難」という曖昧さの中で

金本　暁

２０１１年3月11日、当時中学1年生だった私は福島県いわき市で被災をしました。震災直後、一時避難として各地を転々としながら、母の両親の住む福岡県までやってきました。その後最終的に福岡県久留米市に家族全員で避難をすることとなり、久留米市で残りの中学生活を送りました。高校入学と同時に佐賀県鳥栖市に引っ越しをして、そこから大学、大学院と進学をしました。２０２２年に大学院を卒業した後、母校の大学で非常勤講師として一年半ほど英語の講義を担当し、２０２３年12月からは一般企業に就職して働いています。

震災と避難をきっかけに、私の生活は大きく変化しました。良くも悪くも、私のこれまでの人生は震災と避難を抜きにしては語れないものとなりました。望んで避難した訳ではありませんが、すべての事について絶望的な結果となった訳でもなく、かといってすべてを喜んで受け入れられるものでもありませんでした。ただ、私の人生の中での重要な選択のいくつかは震災と避難によって決定付けられたものであったかのように思います。震災と避難というものが頭上に覆い被さっているような窮屈さを感じつつも、それらが人生のガイドラインとなってきたこともまた事実であるかと思います。このどっちつかずで曖昧な状況を、できるだけ純粋な主観をもって振り返ってみたいと思います。

一時避難をするという話になったのは、震災から一週間ほど経った頃でした。その当時は多くの人がいわき市を一時的に離れており、街には人も車もほとんどないような状況でしたので、避難することは自然なことのようにも感じられました。家族全員で車に乗り込み、東京、静岡、大阪と、一旦の目的地である福岡までの長旅でした。東京は福島から近いこともあり、いつもと違う落ち着かない雰囲気があったように感じましたが、距離が離れていくにつれ、緊急事態を思わせる雰囲気は薄れていったように思います。静岡では富士山を臨む宿に泊まり、大阪、福岡では祖父母に会うこともでき、まるで家族旅行のようでした。ちょうど春休みに入ったばかりで、時期的にもうってつけ、学校が始まる前に家に帰る。楽しい旅行でしかありませんでした。

福岡に到着すると、久留米市にある県営住宅に入ることになりました。被災者のために提供している部屋が一部屋空いていたそうです。あくまで一時避難なのですぐに帰るだろうと思っていたので、親戚の家やホテルではなく、ちゃんとした部屋に住むことになったのは驚きでした。支援物資の食料やテレビなどもほとんど間を置かず届けられ、しばらく生活するには不便をしないのではないかと思えるほどでした。

福岡には当時母の両親が住んでいました。福島と福岡では距離もあり、なかなか会う機会がなかったので、頻繁に会えるようになったのは嬉しかったです。母の父は佐賀県鳥栖市にある教会の牧師をしていました。私の父もいわき市で教会の牧師をしていましたので、福岡に一時避難している間は父も鳥栖の教会で何度か仕事をしていました。その間はいわきの教会を閉じることとなり、父はそれを悔やんでいるようでした。福岡に来て一週間ほど経ったある日、両親は祖父母と大事な話し合いがあるとのことで、しばらくどこかへ出かけていきました。私は特に気にも留めず、家で兄と妹と一緒にテレビゲームなどをして遊んでいました。夕方頃に両親が帰ってきて、開口一番こう言いました。ここに引っ越すことになった、と。考えてもみなかったことで、当然激しく驚いたので、私たち子どもは「なんで?」と両親に聞きました。祖父の教会を引き継ぐことになった、と。祖父の教会の牧師となることが決まったから、こっちに引っ越さないといけない、と。それが最初に聞いた理由でした。

久留米に移り住むことが決まった後、私たち家族は一度いわきへ帰りました。通っていた学校に挨拶に行ったり、久留米へ持って行く荷物をまとめたりと、バタバタと動いていました。私たち子どもは当然転校することになりましたが、友人たちと満足に別れを告げることもできず、ただただ悲しかったです。私は小学生の時から吹奏楽部に所属しており、いわきの中学校でも小学生の時からの仲間たちと一緒に部活動に打ち込んでいたので、それがもうできなくなってしまうことが一番悔しかったです。まだ中学1年生でしたが、行きたい高校も決まっていました。いわき市内の進学校で、吹奏楽部の強豪校として知られる高校でした。一緒にこの高校へ行こうと約束していた先輩や友人も多くいました。いわきの仲間たちと一緒に吹奏楽ができなくなることが、私の中では最もダメージの大きい出来事でした。

父はいわきの教会の牧師を辞めることになりました。突然の決定だったので、教会に通っていた信者の方々も驚き、ショックを受けていたのではないかと思います。私たち家族は教会と同じ建物に住んでいましたが、たまたま私たちの教会に通っている信者さんご家族がお隣に住んでいました。若いご夫婦とお子さんが二人いるご家族で、私はよくそのお子さんたちの遊び相手になっていました。いわきへ一度帰った時も、私はお子さんたちと家の前で遊んでいましたが、その間両親がご夫婦といろいろと話している様子が伺えました。鳥栖の教会を引き継ぐことになった、いわきの教会にはもういられない、申し訳ない。そういった話も漏れ聞こえていました。

祖父の教会を引き継ぐことになった理由は、高齢の祖父が体調不良により、もはや教会の牧師としての役割を担いきれないと考えたからでした。しばらく前から体力の衰えなどを感じ始め、後任となる人を探していた折に、私たち家族が震災のため福岡まで一時避難してきたのです。まったくの偶然ですが、祖父としては世代交代するチャンスであるという側面もあったようです。両親も快諾したわけではなかったようです。いわきの教会も元々は祖父から引き継いだものでした。その後いわき市内で一度引っ越しをし、震災まで住んでいた家はその際に住居兼教会として父が新しく建てたものでしたので、相当な思い入れもあったようです。何より、教会に通う信者さんを置いていくことに大きな抵抗があったようです。しかし、結果として両親は祖父の依頼を引き受けました。そうして私たちはいわきを離れることになりました。その決定に至った理由は詳しくは分かりません。その当時聞かされていなかったかもしれないし、聞かされたが覚えていないだけかもしれません。もしかするとそこに震災や原発事故に由来する理由があったのかもしれませんが、当時の私は理解していませんでした。私からすると、祖父の教会を引き継いで欲しいという依頼を引き受けたから引越しをするということでしかありませんでした。これは私の曖昧な記憶で間違いがあるかもしれませんが、しかし両親も祖父からの依頼がなければいわきに戻るつもりでいたのではないかと思います。そのような話を度々していたように思います。なぜ私たちがこっちに来たのか、それを忘れてもらっては困ると、祖父に伝えていたこともあったのではないかと思います。いずれにしても、当時の私が見た避難までの大体の顛末は以上のようなものです。

今でもふと考える時があります。教会を継いでくれという祖父からの依頼がなければどうなっていただろうと。両親が依頼を断っていたらどうなっていただろうと。おそらく両親も私の兄と妹も似たようなことに何度も思いを巡らせたのではないかと思います。私たちは避難していたのだろうか。いわきに戻ることは絶対になかったのだろうか。当時のことを鮮明に思い出そうとすればするほど、いわゆる「自主避難者」としての自分がぼやけていくような感覚を経験します。私は「避難」したのだろうか。少なくとも当時において私の経験は「避難」であったのだろうか。私は何を知っていたのだろうか。もちろん、住み慣れた場所を離れ、友人とも突然の別れとなり、仲間たちと吹奏楽を続けられなくなったことはこれ以上なく辛い出来事でした。しかし、当時の私にとって、いわきから久留米に移り住むということは「引越し」というふうに見えていたと、そう感じます。直前に震災があったので混乱した状況になってはいたのは確かですが、それでもいわきに帰るという選択肢が最初から無かったのかと考えると、はっきりとした答えが出せないのではないかと思います。一時避難と思っていたものは、「一時」ではなかったのか。最初から避難することを前提に、その道を模索していたのだろうか。

ここで一度頭を今に戻したいと思います。今この文章を書いている27歳になった私の頭に。今となっては、当時の両親の経験や難しい判断について、ある程度の想像をすることもできるようになりました。13歳の私の目にはただの「引越し」に見えていたものも、その実たくさんの悩みや葛藤があったことは想像に難くありません。また、震災直後はとても難しい状況でした。地震だけでも衝撃的でしたが、福島原発事故はいわき市に住んでいた私たちにとっては無視できない差し迫った問題であったのだろうと思います。特に当時は情報も錯綜し、何が最も良い選択肢なのか判断のつかない混乱した状況であったと思います。そのような中で、両親は久留米へ移り住む決断をしましたが、そこには様々な理由や考えが含まれていたのだろうと、その内容を推測することもできます。まだ子どもだった私たちに伝えることもあれば、敢えて伝えなかったこともあるだろうと思います。しかし、私の経験も私の経験として存在していました。私が「自主避難者」として福島を離れることになったのは両親の決断があるからであり、当時の私の目では久留米に移り住むことと震災、あるいは原発事故との直接的な結びつきを見ることができなかった、と正直に書き記しておこうと思います。なぜなら、私の「自主避難者」としての生活はそこから始まったのであり、それがその当時の私が感じた素直な感想であるからです。朧げに「自主避難者」としての自覚がありつつも、「自主的に」避難したわけでも「自力で」避難したわけでもない。「自主避難」するという両親に連れられて、久留米に移り住んだ。しかし、当時の私は「自主避難」についてほとんど知らなかったし、両親から聞いた話と「自主避難」が私の頭の中ではイコールで結ばれなかった。そのようなところから私の「自主避難者」としての生活が始まっているのです。

では、どのように現在の私に至ったのでしょうか。大学院に進学し自主避難者の研究を行い、福島原発事故被害救済九州訴訟（以下、九州訴訟）の原告団共同代表（現在はその立場としての活動はお休みさせていただいているが）になり、国連の人権理事会で自主避難者の現状についてスピーチをするようになったのでしょうか。これまでの活動を並べ立てるわけではなく、「自主避難」をただの引越しと感じていた私が、どのようにして「自主避難」という問題に自発的に向き合うようになっていったのかについて振り返ってみたいと思います。

最初に思いつくのは転校先の中学校で行われた弁論大会です。「原子力発電所は必要か？」というようなタイトルで文章を書き、校内の弁論大会に出場しました。文章では、自分が福島県いわき市からの自主避難者であることを踏まえて、自身の自主避難者としての経験をベースとして原子力発電について意見を述べるようなものであった記憶があります。そこでは、自分を明確に「自主避難者」として表現していました。福島県いわき市からの「自主避難者」という当事者としての視点から、原発に反対するような文章を書いていたのです。中学3年生の時の出来事だったかと思うので、今思うとほんの1年ほどで自分の感覚というものががらっと変わったのだなと感じます。しかし、なぜこのような内容で弁論大会に出場しようと思ったのかについては、はっきりと思い出すことができません。おそらく、私の事情を知っている先生（転校先の学校ではほぼ全員が知っていた）がお勧めしてくださったのではないかと思いますが、明確で自発的な理由があったかどうか定かではありません。そうであったとしても、なぜ自分のことを「自主避難者」として考えることができたのでしょうか。自ら進んでやったわけではなかったとしても、なぜ「自主避難者」というものを自然に文章に混ぜ込むことができたのでしょうか。思うに、やはり両親の影響が大きかったのではないかと思います。「自主避難」したのが両親の決断であったのと同じように、自分を「自主避難者」であると定義するようになったのも両親の言動を間近で見続けていたからではないかと思います。「自主避難」後の両親の普段の会話や行動から、自分は「自主避難者」と呼ばれるものなのだと、そのように周囲の状況から学習していたのではないかと感じられます。特に父親は、その頃から脱原発関連の活動に参加することもあり、そのような場で「福島県いわき市からの自主避難者」として話をすることもあったので、そういう場面を見てきたゆえに自然と自分も「自主避難者」なのではないかと思うようになったのであろうと思います。子どもが成長する過程で様々なことを模倣したり学習したりするように、私が弁論大会で「自主避難者」を名乗るようになったのも、自発的な何かというより周囲の環境的要因が大きかったのではないかと思われます。

積極的に自身の「自主避難」に向き合おうと思った時であるとはっきりと自覚して言えるのは、大学院入学を決めた時です。その前に、大学院進学を決めるきっかけとなった出来事があります。私は大学3年生後期から4年生前期までの約1年間デンマークで交換留学をしていました。デンマークを選んだ理由は、「世界一幸せな国」と呼ばれることもある国で生活してみたい、実際の生活を通して「幸せ」と呼ばれる所以について学びたい、という気持ちがあったからです。ただし、大学では英語専攻だったため、留学先でもメインは言語学系の講義を受けたいと思い、人文学部を第一志望としていましたが、そちらは却下され、第2志望としていた社会学部に入ることとなりました。理由は知らされませんでしたが、奇しくもデンマークを選んだ理由でもある「社会」について学ぶこととなりました。その社会学部で私が受講した講義の中で最も印象深かったものが社会運動や抗議活動に関するものでした（講義原タイトル：Protest, Mobilization, and Organizing in Transnational Social Movements）。この講義は、世界各地の社会運動を題材として、政治、環境、民族などに関連した学問的理論を使って分析・研究するというものでした。講義名の珍しさに惹かれて受講しましたが、初回の講義の際に、最終的な課題としてそれぞれが関心のある社会運動を取り上げてレポートにする必要があることを聞かされました。その時にパッと頭に浮かんだのが、九州の脱原発や自主避難者たちの活動でした。その時に父は九州訴訟の原告団共同代表であり、私も何度か関連する催し物に参加したこともあり、その存在はよく知っているところでした。私がテーマとして選択できるのはそれしかないと思い、その場で決定して半年かけて講義を受けつつ研究を進めていきました。レポートをまとめるにあたり、実際に自分で収集したデータがあるべきだと思い、父を経由して九州訴訟や脱原発活動に携わる人を数名紹介してもらい、アンケートを行いました。たった数名分のアンケートでしたが、読み込むとあまりに多様な経験や考えが浮き出てきて、正直驚きました。社会運動とは強固な一枚岩のようなものなのではないかと思い込んでいたので、語弊を恐れずに言うと、完全に一致していると言えるのは事実部分だけ、つまり、「自主避難」したということ（あるいは脱原発という考えを持っているということ。しかし、「自主避難者」が必ずしも脱原発の考えを持っているというわけではない）だけではないかと思えるようになってきました。「自主避難」をどう考えているのか、「自主避難」したということが自分にとってどのような意味を持つのか。このような事柄に関しては、もちろん共通点もありつつも、それらを一つの事として扱うことに無理を感じました。当然のことかもしれませんが、それぞれの人々が語る「自主避難」がすべてその人だけの固有の出来事のように感じられたのです。そのような「考え」

の部分に差異がありつつも、それでも同じ社会運動を進める仲間として同じ活動を行っている。この矛盾するというか、意外性があるというか、曖昧な現象にとても興味を持ちました。

このように、留学先のデンマークで偶然第一志望の学部に入れなかったために、必然的に第二志望の社会学部に入ることになり、そこでたまたま受講した講義で初めて自発的に「自主避難」を意識しました。それまでは両親や周囲の人々などの環境的要因によって、偶発的に「自主避難」を考える機会がありましたが、そのなんとなくの意識が、留学中の経験を通して自分の中にも明確に存在する問題として認識できるものとなっていきました。これが、大学院で「自主避難者」について研究をしようと思った経緯です。

しかし、大学を卒業してすぐに大学院に行こうと考えていたわけではありませんでした。大学院に興味を持ちつつも、当初はまず就職して数年たってから大学院進学の可能性を模索したいと考えていました。実際、大学4年生の6月に留学から帰ってきた後すぐに何社かに応募をして選考を受けていましたが、残念なことにすべて失敗してしまったため、10月頃に大学院進学を決心したということです。またしても、偶然、少々不本意ながら「自主避難」と向き合う機会が確保されました。大学院にはそのうち行きたいとは思っていたため、ほとんど悲観せずに研究をがんばろうと思えました。

そうして大学院に進学して、本格的に「自主避難者」の研究を始めることになりました。私にとって「自主避難者」の研究をするということは、それまでずっと朧げだった「自主避難者」としての自己に向き合うことも意味し、楽しくもありつつも時に気が進まないことでもありました。「自主避難者」の研究と言ってもいろいろな種類のものがあるとは思いますが、私は自主避難者のアイデンティティに着目して、研究者としての自身の主観も組み込んでいくような手法を選択しました。なぜなら、私が留学中の研究を通して感じた違和感――一口に「自主避難者」と言っても「自主避難」の意味は人によって多様であること、その多様さが一見すると活動の中で見えづらくなってしまっているかもしれないこと――は客観的な数値や実験ではなく「自主避難者」自身の語りと研究者であり「自主避難者」でもある私自身の注意深い解釈と記述によって深く理解することができるようになると思ったからです。あらゆる活動、あるいは組織に共通して言えることかもしれませんが、あまりにも「同じ」であることを重要視しすぎて、その他のより小さくて「同じ」ではないものはないもののように扱われてしまうことがあるかと思われます。しかしながら、活動を、特に社会運動や抗議活動をする際には一定の共通項とそれに伴う団結力が必要となります。活動として一致するものもありつつ、自分の中には部分的にまったく異なる要素も含まれているという状況下で、人々はどのように葛藤してそのズレを修正する／修正しないのか、どのようにそのズレと自己を調和させていくのか。そのような問題は、自主避難者の活動にも顕れていると思い、その点を「自主避難者」のアイデンティティという視点から掘り下げていきました。

私の中の「自主避難者」というものも、振り返ってみるとこのようなズレや曖昧さによって多分に影響を受けていたというように感じます。避難当初は、目の前にある事実から引っ越すことと「自主避難」することとの結びつきを見出すことができませんでしたが、それは両親などの周囲の環境からの影響によって無自覚の内に中和されていきました。しかしながら、それは一時的に問題として扱われなくなったというだけで、私の中からズレや曖昧さが完全に消え去ったわけではありませんでした。

それは留学中において自分以外の「自主避難者」の声を聞く中で再燃し、学問的な興味として変化を遂げました。「自主避難」というものに振り回されながらも、同時に「自主避難」があったからこそ今の私がいます。「自主避難」によって人生が大きく狂わされたのも事実であれば、「自主避難」がなければ私の人生を語ることができないというのもまた等しく事実です。今でもふと考える時がありま す。「自主避難」がなければどうなっていただろう。「自主避難」がなければ順風満帆だったのだろうか。もしいわきに帰っていたら、研究という道に触れることができただろうか。今までの経験によって自分自身が形作られている。当然のことのように聞こえますが、「自主避難」もまた私にとって「捨てることのできない」ものになっているのだと思います。仮に「自主避難」の問題が社会的に完全に解決したとしても、――そんなことが起きる気はしないが――そうだとしてもおそらく私は「自主避難者」なのではないかと思います。決してすべてについて悲観的なわけではありません。そこから得たものも間違いなく貴重なものです。しかし、「自主避難」さえなければ……。そう思えることも多いのです。常にこの曖昧さと生きていくことになります。絶望することもできるかもしれませんが、それだけではないような気がしています。

大学院を2022年に卒業して、その後大学の非常勤講師をしながら海外の大学院進学を計画していました。大学在学中に留学したデンマークの大学や留学中にお世話になった先生に勧められたイタリアの大学に挑戦しましたが、どちらも失敗してしまいました。今度は大学院に進学したいのに就職をすることになりました。これもまた偶然と言えば偶然(実力不足と言った方が適切)だが、そんな偶然も含めて私自身の一部となっていると言えるかと思います。私が中学生の時、自ら自覚するでもなく両親からの影響で「自主避難者」として自分を認識したように、自分自身でさえも自分自身のみでは形作ることのできないものであるのだと思います。そういう意味で、震災も「自主避難」も、すでに私の一部となっており、切り離すことのできないものとなっています。自分自身を忌み嫌うのは辛いことかと思います。「自主避難」の社会的な解決を目指しつつも、私の今後の人生は「自主避難」と一緒に進んでいくのであると思います。

Ⅱ　福島原発事故に出遭った私

坂本　唯

「人生はY字路。どちらに行っても地獄。だから覚悟を決める」

この言葉は、私が福島県に通い続けるなかでお世話になっている方から聞いたものです。その方は、震災以前にご家族を病気で突如失われました。そして、亡くなった旦那さんの節目の年を迎えた頃に、東日本大震災に遭いました。「人生はY字路、どちらに行っても地獄」は、その時々で最善の選択をしたとしても、どこへいっても大きな悲しみから逃れることはできないことを意味しています。だからこそ、「覚悟を決める」ことは、悲しみが連続する世界であっても生き延びることを心に決めたときに出てきた言葉だそうです。この章では、原発事故後に福島県内外で生き延びられてきた方々のエピソードとともに、私自身が福島と関わるなかでどのように変化してきたのかを振り返ります。

この章の第一の目的は、事故当時の子ども世代が、福島原発事故の問題とどのように関わり続けているのかを多くの方々に知っていただくことです。子ども世代であった筆者らが福島とどのように出会い、不条理な経験をどう受け止め、そして今後の世の中をどのように生き延びようとしているのかを共有することは、原発事故当時に大人だった方たちの経験や想いを継承することにつながると信じています。そして、私たちの世代から原発事故の経験とそこから見出される希望を、いかに繋げていけるのかを示すことができればと思います。

1　福島原発事故に関わりはじめるきっかけ

私がはじめて原発事故後の福島県を訪れたのは、事故から7年が経過しようとする頃でした。これまで私が出会ってきた人たちは、事故後の福島での暮らしを守り続けてきた人、県外へと避難して新たな暮らしをつくりあげてきた人、そして原発事故が引き起こされた責任を問い続けてきた人たちなど様々です。震災当時は、地震、津波の状況はおぼえていましたが、原発事故が起きたことについては、大学生になるまで思い出すことはありませんでした。

転機になったスタディツアー

いまでは人生のライフワークとして関わり続けている福島原発事故のことを知るきっかけになったのは、一つの論文に出会ったことです。そこでは、原子力発電所の立地には電力を生産するため、あえて偏狭な地域を選んで設置した背景や、人間が技術によって全てをコントロールすることができるという危うさが示されていました。読み物を通してはじめて知った原子力発電所での事故は、社会のなかにある「目に見えない暴力」であると感じたことをおぼえています。

その直感を確かめるためスタディツアーに応募し、十数人の大学生とボランティアコーディネーターのスタッフの方々と共に、はじめて福島県を訪れることになります。このツアーの目的は、原発事故の影響を受けた人たちによる経験を聞くことで、福島の現状に目と耳と心を向けることでした。少しの関わりだけで知ったつもりにならず、白黒はっきりと区別することが困難な感情を、参加した全員が感じていました。昨今のホープツーリズムでは、復興による光の部分に焦点が多く当たることで、原発事故の被害が小さく見られる傾向もあります。私の場合は、復興の光と影の部分の両側から福島を見たことが、その後の視点に良い影響をもたらしてくれました。

しかし振り返ってみると、原発事故の放射性物質による影響については楽観的でした。それがくつがえされるようになるきっかけは、南相馬市で出会ったある一人のおばあさんの存在です。彼女と私が原発事故による避難の話をしていた際、おばあさんの言葉をかりると「原発は爆発して怖かったけど、遠くまで避難することは大げさだ」と話してくれました。ナイーブな私は、いったんはおばあさんの意見を受け入れ、「原発事故のことを深刻に考えすぎていたのは私のほうだったのだ」と思いました。

原発を見て涙と怒りが溢れ出す

おばあさんに別れを告げ、関西への帰路についていた時のことです。6号線沿いをバスで走りながら見えてきた光景は、2011年から時が止まった状態の街並みでした。さらに遠くには第一原発が見えました。その時、私は涙があふれだしてとまりませんでした。おばあさんがさっき言っていた

「原発が爆発して大げさ」というのは本当なのか？　この原発が事故を起こして爆発したから、今も多くの人が家に帰ることができずに、避難先で故郷に帰りたい想いのまま亡くなった人たちも大勢いる。その現実が、バスの窓から遠目で第一原発を覗いた私に、とてつもない暴力として襲い掛かってきました。それは多くの人が感じていた悲しみや、怒りであったと思います。

　生きているなかで偶然に、事故や災害に遭ってしまうことは誰にもあることです。私は偶然、２０１１年３月に被災から免れただけであって、家に帰れなくなっていたのは自分だったのかもしれない。私が被災をしなかったことと、原発事故によって家に帰れなくなった人たちとの道は、どこで分かれているのだろうか？

2024年６月に撮影した６号線沿いの街並み。倒壊している建物は、私がはじめて訪れた日と変わらずに残されていた

じつは、どちらも紙一重の、偶然による差だけなのか？　そう思ったわたしは、原発事故がなぜ起きたのか、そこからどのような苦労や希望があったのかを、経験した人たちの声をもとに未来の人達に向けて伝え続けなければと思い、現在に至ります。

2　福島の人たちに教えてもらったこと

私が本格的に聞き取りをはじめたのは2019年で、関西に原発事故で避難されてきた方々を探して、お会いしに行くようになりました。なかでも、福島県南相馬市から避難されてきた青田恵子さんの存在は、私にとって印象に残っている出会いです。なぜなら私は彼女から、福島の自然の美しさや昔ながらの遊び、そしてそれらが二度と元通りにはならないことを教えてもらったからです。

青田さんは1950年代に小高町（現在の南相馬市小高区）に生まれ、祖父母、父母、叔母、弟の7人家族の長女でした。兼業農家である青田さん一家は、農閑期のあいだ保存食となる「いかにんじん」をよく作っていたようです。干したイカを細く割く作業は、子どもができる仕事のひとつであり、夕食の後によく手伝いをしたことを聞かせてくれました。物質的には必ずしも豊かとはいえない時代でしたが、物の普及による豊かさや便利さではなく、自然環境によってご自身の情緒が育てられたといいます。たとえば、故郷の自宅周辺の環境を、匂いや色とともに覚えておられました。

「匂いっていえば、もみを焼く匂い。田んぼの苗を育てるとき真っ黒なもみ殻をつくるんです。今で言ったら黒いビニールをかぶせるようなもんですけど、あんなのなかったから。もみがら焼く時期になると田植えが近くて、菜の花が咲くあの季節になると、どこの農家でももみ殻を焼いてね。なんとも表現できないあの良い匂いはねぇ。それから色。たとえば夕焼けの色とか。ここ（避難先）はそれ見られないんですよ、山が近すぎて。むこうはね、阿武隈山脈ひくーくてなだらかで遠くにあったからね、夕焼けがとっても良かったんですよ」

聞き取りのなかで思い起こされた記憶は、故郷である小高区の景色や色であり、青田さんの豊かな経験の一つといえるでしょう。さらにこのような記憶が、避難先でおこなう「布絵づくり」で描かれるモチーフとなっています。

２０１１年3月11日、青田さんは南相馬市原町区にあった自宅で地震に遭いました。当時の原町区は緊急時避難準備区域と指定され、青田さん一家は地震発生から5日間、自宅で待機していたようですが、その間にも近隣住民の多くは避難をはじめていたといいます。その後、知人を頼りに宮城県へと2か月間の避難後、関西に避難をしてからも居住先を転々とされました。震災当時60代だった青田さんは、住み慣れた土地を離れて生活することに大きなストレスを感じていたことから、過食、そして無気力になっていたそうです。

そのような時に、古着を捨てる前に小さく切り刻もうと思った青田さんは、切ったはぎれを重ねて一枚の絵にすることを行うようになりました。青田さんの作品である「布絵づくり」のはじまりです。娘さんのジーンズや、お母様の古くなった着物などを切り刻んでは、小さくなった布をボール紙に貼り付けて、避難先の窓から見える風景を表現したのです。青田さんは、「やろうと思ったんじゃなくて偶然にはさみで切り細裂いてたら、こんななっただけで」と言うように、避難先で偶然にはじまったささやかな生きるための張り合いであるといえます。

青田さんは一人で作品を作り続け、現在その数は100枚を超えているといいます。また、作品を知った知人から、「展覧会を開かないか?」と声をかけられ、布絵とともに添えられた自作の詩を通して多くの人たちに原発事故の被害を訴え続けています。布絵をきっかけとした青田さんの活動は、関西圏での講演にとどまらず、2023年7月に小高区で開幕した「俺たちの伝承館」にも展示されていました。このように避難先での新たな出会いが広がりはじめた青田さんは、現在の暮らしぶりについて以下のように語ってくれました。

「原発事故がなければ、そこそこ自分たちのやり方で暮らしができたのかもしれないけど、でも、たかがそこまでですよね。原発事故があって私の中で何かが変わっていったっていうのはありますから。知らなきゃ知らないで福島で一生を終えてたかもしれないけど、いろんな人との接触があって、刺激を受けて、自分の頭でどうしたらいいかっていうことはしなかっただろうね。ほんとみんな初め

故郷があってもふるさとではないあいまいな喪失

青田さんが子どもの頃にお参りへ行った小高神社

て会った人。そういう人がいて、初めてわたしは救われるっていう気持ちに。でなかったら、ただ息潜めてここに放射能から何百キロ離れてるから良いったって、ただむなしく歳取るだけ。幸せでも何でもない。ただむなしく歳を重ねて離れたところで人生終えるって、ただそれだけだったらとっても耐えられない」

原発事故は青田さんの人生の一部であった、故郷で生まれ育った経験やそこで見えていた日常の景色を奪い取った出来事です。布絵をつくることは、記憶をたぐりよせながら失われたものを回復させていく手段であったといえるでしょう。それだけにとどまらず、原発事故の被害を伝えていく活動のなかに、避難先での現在を彼女は生きています。青田さんは、いまを能動的に生きる姿を通して、原発事故の経験を後世にむけて伝え続けてくれています。

3　福島県に移り住んでから見えた世界

3・11から12年目が経過しようとしている頃、私は関西を離れて福島県いわき市に住みながら、フィールドワークをおこなうことにしました。今まで、福島県と京都を行き来しながら、県外に避難をし続けている方々の声とともに、県内で暮らし続ける方々の声を聞いてきました。しかしながら、私自身が原発事故という問題を、県内と県外で切り分けて考えていることに違和感がありました。自ら土地に移り住むことで、関西という外側からは見えなかったことが見えてくるのではないか。様々な事情で県内での生活を選択した人たちは、暮らしのなかで放射能汚染をどのように対処しているのか。

そのようなことを知るために、双葉郡からの避難者と、事故後も地域に住み続けている人がどちらもいるいわき市へ行くことにしました。

しかしながら、私が移住するにあたって多くの心配の声をいただきました。「なぜ、私たちが避難をしてきた土地にあなたは住もうとしているのか」「将来の健康リスクを負う必要はないのに、そこまでしてフィールドワークをすることは必要なのか」「あなたが福島県に住めるなら、私たちはもうとっくに帰っている。でも今も帰れないのはなぜだかわかる？」避難された多くの方々に原発事故の経験を聞かせてもらったにもかかわらず、被ばくリスクがより高い選択をすることは、避難し続けている方々をナイフで刺すように傷つけるということを、その時はじめて実感しました。そして私もまた、胸を刺されたように痛みを抱えながら、関西を離れました。

実際に、移住してからは3・11当時にみなさんが感じていたことを追体験するような日々でした。この道にある垣根の線量は高そうだな。スーパーで西日本のものが売っていないけど、どうしよう。最近になって避難指示が解除された地域に行くけれど、どれくらい被ばくするのだろう。毎日が放射性被ばくのことで頭がいっぱいで、自分の身を守ることに必死になり、疲れてしまった時がありました。あの時、原発事故を経験した人々がこのような辛い経験をされていたことを、身体をもって実感しましたが、本来ならばそのような経験は繰り返さなくてもよいことだと思います。

しかし、そのような経験を通して、「同じ被害が繰り返されないように」と願い、行動し続けてきた人たちとの出会いを深めることにつながりました。例えば、いわき市で活動を続けるチームママベク子どもの環境守り隊代表の千葉由美さんをはじめとする、メンバーの方たちといっしょに放射能測定をおこないました。チームママベクでは、いわき市内の小中学校・幼稚園・保育園・公園など、子どもの環境における土壌汚染の実態を記録しています。原発事故以前の土壌は5~10ベクレルであったといわれていますが、正確な数値は分かっていません。そのためママベクでは、国や行政が行っている空間線量の測定のほかに、国が基準を設けず、測ることもしていない土壌汚染の調査も行い、記録に残しています。現段階の数値を記録しておくことが、将来また事故が起きたときの証拠となり、次世代に放射能汚染の事実を伝えるための記録となるのです。

また、私がチームママベクの活動を通して学んだことは、一個人から社会全体に働きかける様々な方法についてです。その一つは、いわき市行政との協議会です。チームママベクでは、測定結果をもとに、被ばくから身を守るための対応が必要な場所を行政に報告します。教育委員会学校支援課、こどもみらい課、公園緑地課、原子力対策課、除染対策課（現在は、資源循環推進課）の職員さんに対して、「泣いたり怒ったりせずに、クールに事実を伝える」スタイルで、市民と行政が協力関係を築きながら原発事故の被害を可視化させる働きかけを、10年以上続けてこられました。その結果、2023年にはチームママベクの測定結果のリンクが、いわき市のホームページに掲載される大きな成果がありました。このように、市民から声をあげることが、行政の行動を促し、さらに原発事故の被害は福島県だけの問題ではなく、日本および世界に住む人々の問題として捉え直すことに通じていると思います。

また、一人ひとりの市民が日常で感じるさまざまな違和感を話し合える場をつくるために、茶話会を定期的に続けられています。そこで話されていることは、けっして難しい内容の話ではありません。

自分たちの暮らしのなかで、「それで本当にいいのか？」と思う疑問をそれぞれの見え方から共有しあう。ゆるやかなつながりを持ちながら、原発事故を経験した社会を暮らしの中からより良くしようとする小さな取り組みです。

千葉さんは事故が起きた直後から、いわき市内で子どもを守るための会を立ち上げると同時に、自身の子どもの通う学校現場にも被ばく防護対策を求めてきました。しかし、子どもを放射性被ばくから守ることに共感していたはずのお母さんが、懇談会の場で、具体的な対策を求める声を一緒にあげてくれなかったことを振り返ります。公の場で、一人の母親が声を上げるということが未だ困難な状況のもとで、この活動を続けてこられました。

千葉さんは、「原発事故後に暮らすって

測定は子どもたちが遊んでいるすぐ隣でおこなうこともありました

こういうことなんだよね」と言います。矢面に立って原発事故の真実を伝えること。自宅の庭の土を自ら測定し、測定結果をプレートに記して草花を育てること。そのような生活は原発事故以前の「ふつう」ではないのかもしれない。けれども彼女にとって、この活動をやめることは「手足をもぎとられる」ことのように、原発事故を経験した一人として人生の一部になっているようです。

事故から10年以上が経過した後に移住した私は、暮らしのなかで原発事故と放射能汚染に向き合い続けてきた人々から多くのことを学びました。原発事故を繰り返す社会の仕組みについて批判的に、そしていつも自分たちの足元から現実を変えていく実践に関われたことは、未来を変えていくヒントを与えてもらったのだと思います。

4　これからの未来にむけて――渡り鳥の役割としてできること

これまでの章を振り返ると、私自身は直接的に原発事故を経験していないけれども、この出来事にひどく傷つき、私よりも後に生まれてくる人たちに事故の記録を伝えようと考えるようになりました。原発事故にかぎらず、災害や戦争など大きな災禍のあとには、必ず社会や人々の関心が薄れていく「風化」の問題があります。そして「震災、原発事故を風化させない」ことを掲げた報道は、毎年の3月が近づくたびに耳に入ってきます。しかし、「風化をさせない」ことだけが表面化されてしまっては、なぜ問題を忘れてはいけないのかという意味がそぎ落とされているように感じます。

ここで考え直してみたいことは、どのようにしたら3・11の原発事故の経験が、未来世代の人たちに伝わり、同じ被害が繰り返されることを回避できるのかということです。たとえば、原発事故がなぜ起きてしまったのか、そしてどのような被害が現在も続いているのかを示し続けることは、事実を伝えるという意味で重要なことです。そこからさらに一歩進めたいことが、原発事故が今後も起きうる社会の仕組みを、私たち一人ひとりから変えていくということです。この章で紹介した青田さんの作品づくりや、千葉さんたちの市民活動、そして全国の訴訟団のみなさんが闘ってきた裁判は、社会を根っこから変えていく試みの一つであるといえます。原発事故当時、子ども世代だった私は、すでに「子ども」と言えない年齢となり、今度は自分が原発事故のことを知っている「大人たち」の側に含まれつつあります。そのような立場から、何百年先に生まれてくる未来世代のためにできることは何だろうと考えました。

その一つとしていまの私にできることは、「渡り鳥」の役割を担うことです。原発事故は、地震と大津波による被害をふくめた複合災害であるといわれています。このように三つの災禍を同時に経験したことは、世界のなかでも日本だけといわれるように、確かに珍しい出来事なのかもしれません。しかし、毎年のように日本各地では水害や土砂災害で命を落とす人々がいます。さらに、新型コロナウイルスは、目に見えない災禍の一つとして私たちの日常を不自由にさせました。このように見てみると、原発事故にかぎらず、複数の災害が同時に、または短期間で何度も繰り返されることが多くなっています。そのような際に原発事故もまた、世界のどこにいても起きうる可能性をもっていると言えるでしょう。そのことについて自覚的に生きることは、必ずしも難しいことではないと思います。なぜなら、原発事故を経験した方々が核利用の被害について、そして安全な場所で暮らす権利を伝え続けてくれているからです。そのような方たちの声を全国に、そして世界に届けることが「渡り鳥」にできることだと思っています。

水俣病をはじめとする公害問題の被害、非対称な力関係のもとで地方に立地する軍事基地、そしてアメリカの核実験で被ばくした人々など、原発事故は福島だけの問題ではないことを切実に感じます。他の地域にも起きうる可能性、またすでに起きてしまった被害を知ることで、私たちの足元から暮らしを脅かす危機に気づくことができるのではないでしょうか。災禍はどこにいても起きうることを福島から発信し、他の地域と行き来するなかで「気づき」をもたらすことが、次なる災害の備えとなり、ひいては原子力を温存する社会の仕組みを変えることにつながると思っています。

最後に、わたしが原発事故を通して出会った人々から、未来の世代へ伝えたいことがあります。福島県内に住み続けている方々、そして避難先で暮らしを立て直してこられた方々に共通していたことは、どのような状況であっても生き延びるということです。社会の仕組みはすぐに変わらずとも、生きることが、私たちの暮らしを社会からの目に見えない暴力によって変えられないようにする、最も根源的な抵抗であると思います。原発事故の問題がこの先の何世代にも続き、私たちはどのように生きていくのかを問われているなかで、福島原発事故を経験した人たちから教えてもらったことを伝え続けていきます。

Ⅲ　対談　原発事故の経験に向き合う

金本　暁
坂本　唯

「自主避難者」としての自分自身のアイデンティティを言葉にしていく金本暁。一方で事故から時間が経過した後に、原発事故の衝撃を振り返る坂本唯。それぞれの軌跡を読み合うなかで、原発事故に「向き合う」には紆余曲折を経た時間が必要でした。学問を通して原発事故と自主避難の問題に直面するなかで見えてきたことは、曖昧だからこそ切り捨てられない感情や経験に目を向けることでした。

1　偶然起きたことに向き合うための時間

金本　たまたま福島に住んでいたから被災した、言ってみれば偶然です。たまたま両親が避難したから、それについて行った、これも偶然ですよね。

坂本　偶然について金本さんにお聞きしたかったことがあります。金本さんは、いわきで吹奏楽をやっていく自分のライフプランがあったわけですが、原発事故で福岡に行くことになり、自分の意図したものではない方向に行ったと言えます。今の世の中で、例えば公務員に就職するために試験勉強をして、試験を受けて、公務員になって、じゃあ何歳までに結婚して、みたいな、人生があたかも計画通りに進んでいくかのように計算して生きていく時代だと思うんですけど、自分の思った通りにはいかないことをまだ中学生の頃に経験されました。その経験をされたからこそ、自分の意見を持って何か発言するということが怖かったり、それにためらったりとかは今までありましたか？

金本　僕は元々被災はしてたので、原発避難は自分に関係のある話でしたが、自分でそれをはっきり言い出せるようになったのは大学院に入ってからだと思います。それまでは中学校の時に弁論大会に出て原発事故のことを言ってたと思うんですけど、それが自分の純粋な意思でこうしたいというレベルで言えるようになったのは大学に入ってからだと思います。大学院入ったのも就活がダメだったからという偶然なんですけど。じゃあ何を研究できるんだという話になった時に、一番自分の中でピンと来たのが避難者のことや原発の問題でした。そこから改めて自分の今までの経験であるとか、避難の問題、原発の問題に意識的に目を向けるようになりました。ただ、それまではどちらかというと、言いたくないというか、言わないでも生活できてたんですよね。学校に普通に行ってたし、言わなければ言わないで普通に生活できるし、ならそっちの方が平和じゃないかっていうぐらいの話でもあるし。大学院に入ってから研究も始めて、そういう問題に目を向けられるようになったとはいえ、自分はこうなんだという考えはあるけど、それが果たして絶対的に正しいのか、１００パーセント正義なのかと言われると、はいそうですとは言えないところに常に葛藤がありますよね。

2　自分の主張を伝えることへの葛藤

金本　「原発が爆発して大変だけど、遠くに避難するのは大袈裟だ」と言った人がいる、と坂本さんの原稿にありました。裁判に関わってる人や、私たちが身近に知っている自主避難者の方々は、こういう話を聞くと憤慨される方もいるかもしれない。ただ、その人も当事者なわけじゃないですか。本当は避難した方がいいと思ってるけど避難するなんて大袈裟だと言ってこうなんて思う人は多分いないと思うんですよ。ただでさえセンシティブな問題で、普通なら言わないでいた方が日常を平和に生活していけるのに、わざわざそういうことを言う。そこを避難するのが正しいと思っているからと言って、なかったことにはしない方がいいのかなとは思いつつ、そういう面でのためらいっていうのもありますよね。自分の思ってることを言うっていう。これが正しいんで、ああした方がいいんだと言うことのためらいは多少あるかなと思います。

坂本　ためらいは、立場の違う人によって、受け止められ方が変わってくるからということですか。

金本　例えば避難の話で言うと、避難した方がいいという考えがあり、それ以外は受け付けないとなると、「避難するなんて大袈裟だ」と言う人も、反射的に排除しないといけなくなる。これが絶対正義なんだ、これが100パーセント正しいんだ、となってしまう。だから、自分の考えとして言うことは言うし、言えるようになってきたのは大学院に入ったことがきっかけにはなるんですけど、でも自分の考えを主張するのは難しいことだと思います。例えば、九州訴訟という避難者訴訟の中で、自主避難者が50人少しぐらいいますが、大半が脱原発の考えを持っている人たちです。だけどごく一部、別に脱原発じゃないという人もいるんですよね。要は、避難し裁判にも参加してるけど、それは当時その場所が危なかったから避難しただけで、その責任を取らせたいから裁判している、必ずしも未来永劫原発を使うなと言いたいわけじゃない、という人もいます。言ってることはある意味筋が通っているわけですよね。では避難者訴訟をやるときにどうしたらいいのか悩ましい面があります。

坂本　自主避難では共通しているけれども、一人一人違う経験をし違う考えをもっているという点がとても大事だと思いました。金本さんは、裁判活動の中でご自身の意見を素直に言えていましたか？

金本　裁判の期日に行って、前で喋る場面になると、どうしても寄せますね。裁判なので、勝つことが目的で、その裁判の時のスタンスというか、若干寄せてるなどという感じではありますね。

3　書くことで理解を深める

坂本　紆余曲折ある人生をすごく丁寧に言語化されていると思いました。その反面、書いていてあまり楽しい気持ちではないとおっしゃってましたよね。自分自身のことでもあるから辛かっただろうなと思いますが、逆に言葉にすることによって楽になったという経験はありますか。

金本　自分が今までどういう経験してどう思ってきたのか振り返って文字に起こしていくので、あの時こう思ってたのは多分こういう理由だったんだろうなと頭の中で整理がついていきます。後になってなんであの時あんなこと思っていたのか、モヤモヤしてたところが少しクリアになっていくことはありましたね。例えば、２０１２年か13年、福岡に避難してきてから１年後に、一度いわきに帰ったんですよね。その時、あまりに普通だったんですよね。本当に普通。見た目も普通だし、人も普通だし、よく見たら違うところはあったかもしれないですけど、当時の僕が見る限り普通で、じゃあなんで自分は福岡にいるの、なんで九州まで避難してきてるの、言ってしまえば意味ないじゃんみたいな。なんで自分は行きたかった高校もあるのに学校を転校して。実際、同級生とか先輩とかずっと一緒に吹奏楽やってた人たちは、当時僕が行きたかったいわき高校に行ったという話を聞いてると、別にそこに居続けてもよかったじゃんみたいな。

子どもながらに漠然と思うところは多少あって、でも今回の原稿を書いた時、やっぱり両親の気持ちも分かるようになってきているんですよね。あの時自分がなんでと思ったのは、事故が起きた当時の両親の考えや、避難することを決めたことに対する紆余曲折であるとか、悩んでたとか、まだ当時小さい子どもだった時には理解はできてなかったけど、今ならある程度分かる、ちょっと整理がつく。自分のことだけど、より深く理解できるようになったのかな、と。

それが研究することにも若干繋がるのかと、ふと思いました。インタビューなんてまさにそうじゃないですか。わざわざ言葉にしてもらう。その言葉にする過程で辛いこともあると思います。難しいところではあると思うんですけど。わざわざ言葉にしてもらって、思い出してもらって、いろんな人にそれをやっていって、それをまとめて、より原発の問題や避難者の問題への理解を深めるという意味では、そういうものなのかと思います。

4　あいまいな部分に目を向け続ける

坂本　お話する方も話して考えることで、バラバラだったものが一つ一つすごく深く理解していくことにもなるし、私自身はそのお手伝いができたらいいなというのを感じました。

金本　青田さんがされている、古着で絵を作るというのも3日3晩断食して考えて思いついたわけじゃなくて、偶然じゃないですか。人間ってそういうところがあるなと。被災して避難して、それ自体が絶対にいいことではないけれど、それによって何か新しい意味が生まれ、そこに意味を見つけることができるっていうのも人間のおもしろいところなのかなと思います。青田さんの作品の「故郷があってもふるさとではない曖昧な喪失」、僕が考えているのが、確かに被災して避難して失った、けどその中で人間の力として復活していく、自分でいい方向に持っていくこともできないことはないと。

坂本　青田さんはこの布絵を通して、ご自身が避難先で生きていく中で、60年間の思い出を、過去を整理するというより今生きている自分に引き付けて、過去と今を往復しながらこの絵を作っていらっしゃいました。ある面では強さかもしれないし、偶然に生まれたたくましさなのかもしれません。でも自己努力でなんでもできるという感じではないと思いました。仕方ないから折り合いをつける、微妙なラインって言ったらいいんですかね。

金本　そこがすごい難しいですよね。大前提として原発事故はあるべきではなかったし、なかった方が絶対いいに決まっている。しかし、あれはなければよかったで終わるだけでなくて、あってはいけないんだから今後そうならないようにどうにかしようと思えるのもすごいと思います。その微妙な感じを記述していくのも研究ができることなのかもしれないです。

Ⅳ 鼎談 原発事故がなければ、原発事故があったから……

梅島さと
金本 暁
坂本 唯

震災当時福島県に住んでいた梅島さんを迎えて、避難について、福島について、思いのままに語り合いました。それぞれの経験を振り返りつつ、当時子どもだった世代の3人が今何を思うのか。

1 3・11を振り返る

梅島 地震が起きたときは小学校にいました。下校の時間だったので、下校している生徒もいる中で、私たちのクラスは誰もまだ下校せずに帰りの会をしているところでした。結構大きく揺れたし、古い小学校だったので天井も落ちてきたり、一歩も歩けないところがあるような状態で。とりあえず学校のグラウンドに避難しました。そこからそれぞれの家に帰りました。

坂本 なるほど。人によっては原発が危ないことを3月11日時点で知っていた人もいると聞いたことがあります。梅島さんは当時原発のことは誰か大人から聞かされてはいなかったですか？　原発が爆発したことはどこで知りましたか？

梅島　その当時は全く聞いていませんでした。正直何が起こっているかも分からない状況で、大人たちが話している様子も全くなかったです。避難先が「パルセいいざか」という公民館で、ホールにテレビが1台あり、そこで大人たちが集まってすごい真剣な顔でテレビを見ていました。何事かと思って見に行ったら、私の祖父もその中にいて、祖父に何のニュースか聞きましたが、ちょっと今は待ってと。いつもは優しい祖父だったんですけど、牽制されたような感じで、本当に何事かと思いました。けど、結局何が起こっているかは教えてはもらえなかったです。まだ小学校2年生だったので、私には分からないだろうなと思うんですけど、白い煙が建物から出ている様子をヘリが撮ってるニュースだけが流れていて、なんか火事でも起こったのかという認識でした。

坂本　大人たちも慌てていたのを、小さかったなりに覚えているんですね。当時は南相馬にお住まいですよね。そこから京都に避難することになった経緯を教えてもらえますか。

梅島　私は詳しくは知らないのですが、3月末ぐらいまでパルセいいざかにいて、突然京都に行くか、ここに残るか、どっちがいい？　と言われました。京都はすごい華やかなイメージがあったし、旅行っぽいイメージがあったので、私は旅行かなと思ったので、京都行きたいと言って。お姉ちゃんも京都がいいという感じだったので、3人で大きなバスに乗って行ったと思います。すごく少ない荷物で、自分のお気に入りのぬいぐるみや服やランドセルだけ持って、母は透明な大きいゴミ袋に荷物を詰めて京都まで行って、市役所かどこかで1回寝泊まりして、お家まで行って、という感じだったと覚えています。でも、なんで京都だったかとかはその時はあまり知りません。後日聞いたら、支援住宅、避難住宅と言うんですかね、京都に何か所かあって、そこに無償で入れるので、行くか行かないかを即決しなきゃいけなかった状況だったようです。京都を選んだ理由は、私が京都生まれで、父や知り合いが何人かいたので、見知らぬ土地よりかは京都の方がいいんじゃないかという考えだと思います。

坂本　京都生まれだったのですね。旅行だと思って突然京都にやってきて、でもそこに住むとは思っていなかったわけではないですか。ここに住む、避難するということに対してその時どう感じましたか？

梅島　そうですね、母と何回か喧嘩した記憶がありますす。旅行と思って来たけどいつまでここにいるのと聞いたら、いや、いつまでか分からないという反応で、だんだん、向こうには戻らないみたいなことを言っていたので、戻りたい、と。向こうに友達もいるし、その時やっていたマーチングもしたいから向こうに戻りたいという話を何回もして喧嘩した記憶があります。4年生まではずっと喧嘩していた気がします。

坂本　その時お母さんは帰らない理由をどう説明していたんですか？

梅島　あまり覚えていません。覚えていないということは、多分、難しいことを言われていたのではないかと思います。原発事故があって放射線がという話をされていたとは思いますが、あまり記憶にはないです。

坂本　そうですよね。小学生だったから、よく分からない理由で、なぜか京都に居続けなければならないという感じですよね。

2　子どもだからこその難しさ

坂本　避難先で周りの人たちになんで避難してきたのとか素朴に聞かれることがあったと思います。その時にどういう気待ちだったのか。その時に子どもながらにどう説明していたのでしょうか。

梅島　どういうふうに言っていたかは全く覚えていないです。震災があったとか原発事故があったと周りに言っていたと思いますが、京都の小学校3年生の子たちの反応は「何それ」みたいな。「津波は聞いたことあるかも」とか。津波のことはすごいよく聞かれました。「津波は別に来てないよ」と言うと、「じゃあ何？」「原発って何？」で会話が終わった記憶があります。

金本　僕も似たような感じで。中学校の先生が、福島から避難し転校してくる子がいるからと、あらかじめ伝えられ、みんな知っている状態でしたが、興味津々で話しかけてきて、やっぱり、「津波は?」て聞かれるんですよね。「いや、津波は来てない、うちは大丈夫」と言うと、自分も周りも原発をはっきり理解できているわけじゃないのもあって、すごい微妙な雰囲気になることが多かったです。津波じゃないと言うと、ふーん、そっか、となり、原発について自分でもうまく説明できないので、なんとも言えない雰囲気になってしまうという。

3　子どもから大人へ――心情の変化

金本　梅島さんは、避難してから今に至るまで、両親に対する感情はどう変わっていきましたか。やっぱり、僕たち子どもは親に連れられて避難したわけじゃないですか。自分で避難したわけでなく、親が決めて避難することになり、最初はなんで福島に帰れないんだろうと純粋に思っていたのが、今大学生になり二十歳も超えて、両親に対する気持ちがどんなふうに変わっていったのか、あるいは何も変わってないのか、教えていただけたらなと思います。

梅島　小学校3、4年生ぐらいの時は、やっぱり向こうに戻りたいという気持ちが強くて、親に相談する時も何回もありました。ただ、親が市民放射能測定所で活動している時に私も一緒に行くことが多く、そこでの大人たちの会話の内容から、これはもう帰れないだろうと思うことがすごく多くて。何ベクレル出ている、農作物もダメだ、これは食べちゃいけないというのを聞いていると、帰っても多分同じことになることは分かっていたし、帰りたいと言っても、友達は結構みんな避難していたので元の日常には戻れないと4年生ぐらいのときに分かりました。もう帰っても意味がないかという感じになって、帰らなくていいかという気持ちになったことによって、帰らなくていいかと色々な状況を自分が受け入れたことになりましたね。親の関係というよりは、自分の気持ち次第なんですけど。

金本　福島の状況を見たり聞いたりしながら、じゃあ帰らなくていいか、帰らない方がいいかと自分の中で消化していった感じなんですね。僕も親から聞いた話だけで判断すると、よっぽど福島はやばいんだろうと感じていたんですよね。放射線の問題もあるし、よっぽど住めないんだろうなと思ってましたが、避難して1年後ぐらいに福島に帰ったことがあるんです。その時にいわき市を見た時にめちゃくちゃ違和感があったんですよ。聞いてた話と違うぞ、みたいな。両親の話からするとよっぽどやばいんだろう、周りの大人たちも大変だって言うけど、実際は少なくとも見た目上はすごい普通でした。梅島さんも避難した後に地元の福島に帰ったことがあったら、その時どんなふうに思いましたか。

梅島　避難してすぐではなく何年か経ってから何回か帰っています。本当に何年後かだったので、懐かしいなと思うところもあれば、全く記憶に残ってないところもあるという感じでした。でも、住んでいた時は多分通ったことがなかった道に、黒いフレコンバッグがずらっと並んでいて、言葉には表せないような気持ちになり、当時の子どもながらに、かわいそうな景色になっちゃったなと思いました。

金本　震災が起こる前とは何年も経っているとはいえ、ちょっと変わってしまった感じがあったんですね。例えば、ギャップみたいなのはありましたか？　こうだろうなと思ってたけど、実際帰ってみたら違ったとか、話は聞いていたが、実際見てみたら案外そうでもなかったというような。

梅島　食べ物とか危険だと思っていました。福島の人は何を食べてるんだろうと思っていたら、「頑張ろう東北」キャンペーンが結構盛んな時で、地元の人は地元のものを食べる感じでした。また、マスクしている人が全然いない。原発事故当時、私らはマスクさせられましたし、皆マスクしていましたが、マスクしてる人もいなくて普通の日常だったんですよね。なんでだろうなとは思いました。

金本　本当に見た目上はすごい普通に生活していて何も変わってないように見えるので、そのギャップは僕もすごい感じましたね。いわきだとモニタリングポストが所々設置されていて、思い出のある場所とか行ったら線量計が立っていて、ちょっと複雑な気持ちになりましたね。僕の場合はギャップを経験した時に、なんで自分は避難したんだろうと思っちゃったんですよね。大丈夫じゃん、みたいな。そういうギャップを目の当たりにした時、梅島さんはどんな感情でしたか？

梅島　私も同じ気持ちで、大丈夫じゃんって思ったし、帰ってきたいなとも思ったんですけど、友達がいなかったというか、その空白の時間で友達がどれだけ友達で居続けてくれてるのか、もう一回帰ってきたとして、親友は多分他の友達もいるし、私はここの土地で馴染めるのだろうか、知ってる土地なのに転校生みたいな馴染めない状態になるからそこが難しいなと思いました。人間関係的なところで、戻りたくない、戻らなくていいかと思ったのもあるんですけど、戻れるじゃんっていうのはやっぱりありました。初めて帰ったのが中学生ぐらいでしたが、モニタリングポストは確かにあって、祖母の家の近くの線量計は全然安全な値が出ていたので、これってやばい値なの？　と母に聞きましたが、いや、ここの値はやばくはないと言うので、いけるじゃんって思いました。そのギャップの埋め合わせというのが、今思い出しても子どもながらにすごい難しかったと思うところがあります。

4　二人の原稿

金本　難しいですよね。僕と坂本さんで原稿を一つずつ書きましたが（本書Ⅰ、Ⅱ）、それを読んで感想があればお話いただければすごく嬉しいです。

梅島　まず坂本さんの原稿（Ⅱ）で、「あなたが福島に住めるんだったら、私たち福島から避難してきた人はもうとっくに帰ってるよ」という言葉がすごい印象に残りました。私も当事者として、ボランティアに行ってる人や、「頑張ろう東北」キャンペーン自体にもこういうことを思っていた時がありました。応援してくれる気持ちは嬉しいし、私たちも起こったことを風化させたくない気持ちがあるけど、毎回同じ体験しろというわけにもいかないというか、そうは思ってないので、体験しようとしなくてもなって思ったりすることもあったんですけど。坂本さんがこういう経験をしたことによって、これだけ書けていて思うことがあるというのは、すごい素敵なことだと思いました。「渡り鳥」というのも素敵な表現だなと思い、ちょっと考えが変わりました。

坂本　読んでいただいてありがとうございます。梅島さんがおっしゃっていた印象に残った言葉について、私もその言葉にどう返したらいいのか、今もまだ悩んでいる部分があります。被ばくするリスクを負ってまでフィールドワークをして、福島原発事故について書いたり聞いたり伝えたりする必要は、別に私がする必要は究極的にはないのかもしれない。避難してきた人や、原発の被害を受けた人たちは、繰り返してほしくないとずっと伝えてるのに、なんでまた私たちと同じ苦しみをあなたは追体験しようとするのか、それは別に求めていることじゃないんだよ、それが理解するっていうことじゃないんだよというふうに伝えてくれたと思いました。ですので、とても反省したんですけど、私は原発事故を直接経験したわけじゃないし、大学生になるまで原発事故の存在すらも覚えてなかったのですが、福島の原発事故に出会ってしまったから、その被害の事実や、これから福島がどうなっていくのかを、私がいろんな人に教えてもらったことを、伝える側に私もなりたいなという気持ちがあります。

梅島　金本さんの原稿（I）では、自主避難者同士のズレや曖昧さというのも、私も思ったことがあったし、今までの対談の中でも感情の共通点がすごいあると思いました。避難者の研究という着眼点がおもしろく、素敵だなと思いました。私は避難者でありながらその自覚はなかったので、それもまたズレというか、曖昧さというか、そこに繋がってると思って、ちゃんと自分の経験も考えられたらいいなと思いました。

金本　ありがとうございます。坂本さんの話もそうですし、もしかしたら僕もそうなのかもしれないですけど、わざわざそれをやっていくという、例えばわざわざ研究で福島に行ったり自主避難者の研究をして、自主避難者の人にその当時を思い出してもらって、わざわざ喋ってもらって、それを記録してというのをやっているわけですが、それが果たしてどれだけ「いいこと」なのか本当に分からないところがありますよね。やっぱり良く思わない人もある程度いるだろうし。ただ傍から見たらものすごい興味のある、知りたいって思うような内容なのかもしれないという、そのバランスは難しいなと思いました。おっしゃってくれた通り、すごく曖昧な部分が多いなと思いました。

5　「防災」について考える

金本　「防災」についても話せたらと思います。梅島さんは防災関連の活動をやっていたとのことですが。

梅島　高校の時に防災リーダーをやっていました。私が行った取り組みの一つは、近所の小学校で防災キャンプの運営を行ったことです。防災キャンプ自体は私が防災リーダーを立ち上げる前から元々ありましたが、今までは高校生としてお手伝いをする関わり方だったんです。私は防災リーダーとして企画のところから運営に携わっていました。内容は、パワーポイントで災害とはなにかを説明した後に、避難先では何が要るかなというクイズを出しました。ランタンや簡易トイレの作り方を教えて一緒に作って持ち帰ってもらうという企画をしました。小学校の体育館にテントを立て、1泊2日の日程でキャンプをしました。

坂本　キャンプを体験した子どもたちの防災の意識や、災害時に生き抜く力は、防災キャンプの短い時間だけでも力になっているなと思いましたか？

梅島　そこが難しいところで、防災教育は1日で完成するものではないと思います。私たちも大人も、災害を経験した人もしてない人も、全員に共通しているのが、やっぱり忘れちゃうってことがあります。けど、何回も何回も繰り返してやっていくものだと思っています。そのキャンプの目標としては、完全に災害時に対応できるってことではなくて、災害時というのはこういうことなんだと知ってもらうことや、簡易トイレやランタンが必要だとかの知識を頭の片隅にでも置いておく、そういうきっかけになればいいなと思っていました。防災教育はそういう経験の積み重ねによってできるものかなと思っています。

坂本　防災リーダーをする中で、自分の中での学びや成長したなと思うところはありますか？

梅島　一番の学びは、災害時にはコミュニケーションを取ることが大事だと改めて感じたことです。自分が避難していた中でも、いろんな人とコミュニケーションを取ることがすごい大事だったと思ったし、防災リーダーの活動の中で熊本地震の現地に行ってお話を聞いた時にも、避難者同士の連携があったからこそ、避難所の中でいい運営ができたと言ってた人もいて、普段からそういう地域の中でコミュニティを作ることが重要だと思いました。クラスメイトや家族でコミュニケーションを取っている人は、災害が起こった時にも強い力になると思っていて、そういったところが学びだなと思いました。

金本　とても勉強になりますね。災害時のコミュニケーションやコミュニティはやはり重要ですよね。地震でも原発でも台風でもなんでもそうだと思いますけど、一人だけ被災するわけではなくて、コミュニティ全体でダメージを受けるもので、そのコミュニティが災害に対してどれだけ強くあれるのかは、とても大事なポイントだと思いました。自分一人で準備できることもあるけど、実際被災した時に周りの人はどうするのか、避難所に行ったらどうするのかという観点は大事ですね。

6　今だからこそ思うこと

坂本　最後の質問です。福島県の原発事故が起きた地域では、イノベーションコースト構想化やいろいろな復興事業が進んでいます。梅島さんは防災活動に取り組み、金本さんは自主避難について探究されていますが、それぞれの経験を踏まえて、今の福島県の原発事故からの復興の状況についてどうお考えでしょうか。

梅島　私は、何が正解で何が不正解か分からない世の中だと、俯瞰してみると思うんですね。原発賛成派と反対派の意見、どっちも客観的に見ると理解できるところがあると思います。原発反対派の人は感情で語ってるって言われても仕方ないと思う部分がいくつもあるけれど、原発事故があって避難せざるを得なくなったから、原発は反対だという気持ちがあるのは当然のことだとも思います。賛成派の人にとっては、原発はやっぱりいいエネルギーでいい発電方法だという気持ちも分かるのですが、それは原発事故を遠くから見ているからそう思うんだろうなと思って、感情的には受け入れきれない部分がどうしても自分の中にはあります。そこが難しいところで、自分の中で気持ちの整理ができていないところであって、0か100かじゃない世界だと思っています。どっちの意見も正しくて、どっちの意見も尊重されるべきですが、最終的には稼働する、稼働しないという0か100かになる話であって、そこのオチをつけるのはやはり難しいと思っています。

金本　梅島さんの話に重ねてしまいますが、何かを考えたり、何かを決断したりする時に、全く傾いてない状態はあり得るのかなと思いました。梅島さんも言ったように、じゃあ原発するの？　しないの？　と言ったら、基本的には国の政策としてはするかしないかどちらかになるわけじゃないですか。決断しないといけないという時に、その決断というのは必ずどっちかに傾いているんだろうなって思います。ただ、今の現代社会が、もう本当に偏りを許さない風潮になっているのではとすごい感じていて、そうなってくると何もできなくなるという不安もあります。いざ復興をしていく時に、壊れたものを単純に元に戻すだけだったら簡単ですが、問題はそれだけではなく、これからの電力政策をどうしていくのかであるとか、これからの防災をどうしていくのか、これからの人間生活どうしていくというところも含めて復興だと思うので、やっぱり元に戻すだけじゃダメなんだろうなとはすごく感じてます。

おわりに

3・11当時に18歳未満の子どもだった世代が、成人して大学生となり、また社会の中で働くようにもなりました。これは単に月日が流れたということだけではなく、原発事故避難とそれに伴う被災経験に向き合うための必要な時間であるとも言えます。この冊子は、原発事故当時の子ども世代が、自分自身の経験を振り返って整理するプロセスを記録したものであり、子ども時代に経験した原発事故および避難の経験と、いま現在の視点を交差させたものです。

事故当時のことを振り返ると、「何が起きているのかわからなかった」といったように、これからどこに向かうのかを理解することができませんでした。唯一分かったことは、幼い頃に遊んだ場所ではもう遊べないこと、ここで大きくなると思っていた場所には帰れないこと、仲間たちとの夢を果たせないことなど、身の回りの環境が変化するということです。一方で、子どもだから原発事故が起きた状況を理解していなかったというわけではありません。大人も子どもも含め、今まで経験したことのないような災害・事故に遭遇したため、誰もが今目の前で起きている事態や、これから先の見通しを掴むことができませんでした。

時間の経過は、それらの出来事を鳥の目線で見渡すことを可能にします。避難をめぐって両親と喧嘩したことや、転校先の友人に原発事故とは何かを上手く説明できなかったことなど、過去を振り返ることで、事故後の生活で取り組んできたことの意味を見出すことにもつながりました。金本さんは避難先での自主避難者としてのアイデンティティを学問を通して探求するなかで、避難をした自分自身の存在だけではなく、避難を決断した両親のことを少しは理解できるようになりました。また、坂本は原発事故問題に大学生になってから出遭うなかで、原発事故を引き起こした構造的暴力とそれに抗う営みをおこなう人々と深く関わるようになりました。さらに鼎談に参加してくださった梅島さんは、自らの被災経験をもとに防災キャンプを通じて、3・11を直接経験していない子どもたちに被災することの意味やその疑似体験を、自らが防災リーダーとなり伝えるようになりました。このように、それぞれが過去の経験といま現在の自分自身をつなぎ合わせる地図を作ってきたのだと思います。

記録冊子をつくるプロセスは困難な道のりでした。２０２３年から始まったこの取り組みは、3・11当時に18歳未満の子どもだった大学院生を中心に、毎月1回オンラインで集まり、それぞれの原発事故経験や、研究内容について対話を重ねてきました。同世代という共通点がある一方、どのような立ち位置から原発事故を経験したのかによる意見の違いは大きいものでした。経験が異なるということは、何を大切にするのかも人それぞれに違います。例えばそれは避難をする権利や、安心して語ることのできる場所、避難の有無にかかわらずに事故に向き合う時間など。それぞれに大切にしているものがあるからこそ、一つの冊子にまとめることが難しく、また経験の違いがあるからこそ、「こんなことを聞いてしまったら傷つけるのではないか」と踏み込めない部分もありました。

また、原発事故は未だ、かさぶたになりきらない傷にもかかわらず、それが傷口と分からずに触れ、対話を重ねてきたメンバーを傷つけてしまったことを書き残しておかなければなりません。たとえば事故後に避難を経験した方々は、「なぜ避難をしたのか」を問われ続けてきたと思います。それは、自分自身の選択の根拠や正当性を説明しなければならない、時に苦しい質問であったと思います。同様に「なぜ避難をしなかったのか」、つまり放射性被ばくのリスクがあるなかで、なぜ福島県内での生活を続けてきたのかを問われることもまた、過去の自分の判断にぐさりと突き刺さるような問いかけでもあります。

私たちは暮らす場所を自由に選択できるようでいて、じつはそうではありません。学校や仕事、家族との関係、いろいろな要素があって暮らしが成り立つからこそ、一人きりで自由に選択できることは稀でしょう。ましてや原発事故は、どこで・どのように暮らすのかという人間の自由を、不自由なものにさせました。そのことをよく知らない人が、「なぜあなたは避難したのか？」あるいは「なぜあなたは避難しないのか？」と問うことはとても簡単ですが、聞かれた側にとっては考えつくした判断を否定されているようにも感じると思います。対話をおこなってきたメンバーたちは、原発事故および避難を実際に経験した人、事故後も福島県内に住み続けた人、県外から事故後の福島県に足を運ぶようになった人など様々です。このような違いがありながらも、誰もが傷つくことなく安心して話し合える関係性をつくることができなかったのは、原発事故後の社会全体の姿を反映しているともいえます。

紆余曲折を経て、原発事故当時子どもだったわたしたちは、被災や避難という経験を言葉にして理解し、人々から経験を聞き、また自分自身も様々な手段で被災経験を他者に伝える実践をおこなってきました。時に苦しい過去の経験を、なぜ振り返るのでしょうか。また、研究や防災活動、そしてこのような冊子を書くことを通じて、なぜ自分たちの軌跡を残そうとするのでしょうか。それは、自然災害や戦争、そして核による被害を被るという可能性を、地球上に生きる誰もがその当事者であることを伝えるためです。「災害は忘れた頃にやってくる」という言葉があります。ですが、忘れるよりも以前に3・11以降も多くの災害がすでに発生しており、また、廃炉の過程で事故の可能性がないとはいえません。つまり、原発事故を経験したわたしたちが、自分たちの未来も含め、これからどう生きるのかを、さらに問われているということです。ここで記したことが、「今、自分は大丈夫」と思っている人たちへの気づきとなることを願います。

謝辞

この冊子の制作に関わってくださった方々に、この場をかりてお礼を申し上げます。

発行協力してくださった「うつくしま☆ふくしまin京都――避難者と支援者のネットワーク」様。

助成してくださった「こんどプロジェクト　福島原発事故避難者支援活動助成事業」の近藤知子先生、そして事業スタッフのみなさま。

「原発賠償京都訴訟団」福島敦子様、「原発賠償訴訟・京都原告団を支援する会」奥森祥陽様、梅島さと様、大川原拓真様、青田恵子様、「いわきの初期被曝を追及するママの会」千葉由美様、「TEAMママベク子どもの環境守り隊」のみなさま。

この春をむかえて原発事故から15年目の月日を過ごすことになるみなさんと共に、今後も歩むことができれば幸いです。

坂本　唯

刊行に寄せて

創造力は糾(あざな)える縄の如く、その縄を掴みし超えてゆけ

坂本唯さん・金本暁さんとの奇跡的な出逢い

福島第一原子力発電所の爆発事件による放射性物質の拡散から逃れるために、この本の推薦者である私は福島県南相馬市から京都へ避難しました。２０１１年4月2日のことでした。当時、小学生だった娘が2人います。

事故直後の3月12日。友だちにさようならも言えずに私の判断で約3週間の避難所生活を祖父母ともに送り、4月になってすぐに私たち3人だけで京都へ避難をしました。突然の京都での避難生活は、木津川市へ移動した二日後には小学校の始業式という目まぐるしいものでした。始業式では、全校児童が体育館に集まり、娘たちは壇上から元気よく自己紹介していました。たくさんの友だちと理解してくれる先生に出逢いました。現在上娘(じょうむすめ)1は社会人、そして上娘2は出逢ってきた素敵な先生方のようになりたいと今春に小学校教諭の道を進みます。

２０２２年９月９日。私が原告となっている原発賠償京都訴訟の第15回控訴審期日がありました。期日に傍聴支援に来てくれた立命館大学院生の坂本唯さん。傍聴をしてくれた後の期日報告会では、坂本さんは、原発事故にフォーカスした映像の制作をしていることを話し、原発事故に対し真剣に向き合うにはどう行動すればよいのかを悩みながら考え続けていることを話してくれました。期日報告会後、坂本唯さんとは、支援する会スタッフさんや原告らとともに京都の伏見まで戻り、お酒を酌み交わしながらおしゃべりをしました。泣いたり笑ったりの初めてとは思えない盛り上がり。学生時代に戻ったみたいで大変楽しい時間を過ごしました。

そして、原発賠償京都訴訟では専門家として原告らのＰＴＳＤアンケート調査を担ってくださった伊東未来先生の教え子で九州訴訟共同代表の金本暁さん。

その伊東先生の右腕ともいえる金本さんは研究者ながらに落ちついていて、聡明さが際立っています。私に植え付けられている印象は大変強烈なものです。それは、全国の訴訟団でつくる「原発被害者訴訟原告団被害者連絡会」いわゆる全国連での会議でのこと。私たちの賠償訴訟というものは、それぞれの原告が被った損害が多岐にわたり、訴訟団が一致することはなかなか難しい一面があります。その訴訟が全国に約30もあり、それらいくつかが集まった連絡会のため、一致して勝利判決を勝ちとろうとすることにも、言葉一つとっても障害が多くあったりします。熱い論議が進む中で、次世代の金本さんが発言し、会のメンバーたちの溜飲が下がる場も少なくはありません。金本さんの研究者魂が、その冷静な洞察力がどこからくるのか。この本にはたくさんちりばめられています。

執筆したこの若き二人は、３・11原発事故を体感し共有したいと強く願った学生と避難者です。２

011年3月に起きてしまった福島第一原子力発電所の爆発事件を、自身の経験をもとに生み続けそれを表現しようとしてできたのがこの本です。

二人が、どれだけのことを考えて今日まで来たのか。半端ない情報量の裏には、避難を余儀なくされ心傷ついてきた経験、自身の故郷に福島やその近隣都県の壮絶な被害を考え、原発事故被害の実相を自らの体験でしか考えられないと事故を起こした原発の間近で研究する。私たちが想像つかないくらい深い思いが交錯していきます。

二人と紡ぐご縁は、原発の爆発事件がなければあり得なかったことではあるけれど、目の前の大人たちが闘い、加害者である国と東京電力(株)に対して謝罪させて、賠償してもらい、原発事件収束に向けた施策を講じさせ、「何人も被ばくしない、させない」その日がくる。それまでどうか、どうかその輝く瞳の灯を消さずにいてほしい、そう強く思っています。

原発賠償京都訴訟原告団共同代表
大飯原発差止京都訴訟世話人
福島敦子

＊編著者＊

金本　暁（かねもと・あつき）

1997年生まれ。福島県出身。西南学院大学大学院文学研究科修士課程修了。原発事故をきっかけに、福島県いわき市から福岡県へと避難を経験する。研究テーマとして自主避難者のアイデンティティを探求しつつ、福島原発事故被害救済九州訴訟（九州避難者訴訟）の原告としての活動も行う。第49回国連人権理事会本会議で原発避難者の人権についてのスピーチを行った。

坂本　唯（さかもと・ゆい）

1997年生まれ。三重県出身。立命館大学大学院先端総合学術研究科一貫制博士課程在籍。大学生の時に福島県浜通りを訪れたことをきっかけに、一人ひとりの人生の変化をじっくりと聞く生活史調査を行いながら、原発事故による長期的な被害とその暴力性について探求している。

3・11子どもだった私たち

福島原発事故と避難の経験を言葉につむぐ

発行日　2025年３月30日　第１刷発行

編　　著　金本　暁・坂本　唯

発 行 者　兵頭圭児

発 行 所　耕 文 社

発行協力　うつくしま☆ふくしまin京都――避難者と支援者のネットワーク

助　　成　こんどプロジェクト　福島原発事故避難者支援活動助成事業

ISBN978-4-86377-092-8　C0036

私たちの決断　あの日を境に……

原発賠償京都訴訟原告団 編

A5判　128頁　本体価格1,200円
ISBN978-4-86377-048-5

福島県をはじめ東北・関東の被災地から京都に避難した57世帯174人が、国と東京電力を相手どって損害賠償を請求している集団訴訟。事故後の心身に起きた異変、激変した生活、家族との葛藤、訴訟に立ち上がった理由等、原告らの思いを綴った。

甲状腺がん異常多発とこれからの広範な障害の増加を考える（増補改訂版）

医療問題研究会 編

A5判　165頁　本体価格1,200円
ISBN978-4-86377-041-6

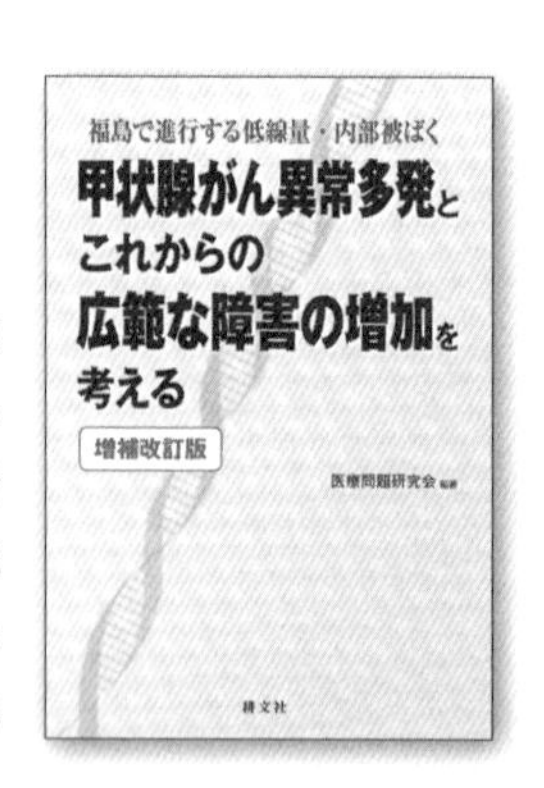

甲状腺がん多発は「スクリーニング効果」「過剰診断」、被ばくを隠す、こんな言訳が許されるのか？　医療問題研究会が、進行する福島の低線量・内部被ばくの現状を徹底分析。これからの障害の進行に警鐘を鳴らす。新たな事実・研究成果を増補。